Anselme Payen

La betterave
à sucre

Sucreries et distilleries agricoles de la France

Le code de la propriété intellectuelle du 1er juillet 1992 interdit en effet expressément la photocopie à usage collectif sans autorisation des ayants droit. Or, cette pratique s'est généralisée dans les établissements d'enseignement supérieur, provoquant une baisse brutale des achats de livres et de revues, au point que la possibilité même pour les auteurs de créer des œuvres nouvelles et de les faire éditer correctement est aujourd'hui menacée. En application de la loi du 11 mars 1957, il est interdit de reproduire intégralement ou partiellement le présent ouvrage, sur quelque support que ce soir, sans autorisation de l'Éditeur ou du Centre Français d'Exploitation du Droit de Copie , 20, rue Grands Augustins, 75006 Paris.

ISBN : 978-1543217469

10 9 8 7 6 5 4 3 2 1

Anselme Payen

La betterave
à sucre

Sucreries et distilleries agricoles de la France

Table de Matières

Introduction

C'est en 1751 que paraissait le second volume de la grande *Encyclopédie* où le XVIIIe siècle nous léguait, à côté de quelques faibles éléments scientifiques, de vagues, mais curieux aperçus des importantes applications que l'industrie, aidée de la science, réalise aujourd'hui sous nos yeux. Parmi ces applications, il en est une cependant que les écrivains réunis sous la direction de Diderot et de d'Alembert n'ont pas pressentie. Qu'on ouvre en effet le volume dont nous parlons à l'article *betterave* ; on y trouvera ces quatre lignes, perdues au milieu de généralités sur la *bette* blanche ou poirée : « La betterave (*beta rubra*) a la tige plus haute que la *bette* ou *poirée...* Sa racine est grosse de deux ou trois pouces, renflée et rouge comme du sang... On cultive ces espèces dans les jardins ;... on fait cas des racines de betterave, qu'on mange en salade ou autrement. »

Aujourd'hui l'humble plante dont les encyclopédistes définissaient si sommairement les propriétés a toute une histoire. Tirée des rangs les plus infimes de la culture potagère, elle a fourni depuis cinquante ans à l'agriculture et à l'industrie manufacturière des ressources qui, exploitées avec des chances diverses, n'en ont pas moins abouti en définitive à une série d'applications fécondes dont le développement se poursuit chaque jour. C'est cette histoire que nous voudrions raconter, c'est la grande influence industrielle de la culture de la betterave saccharifère et alcoogène que nous voudrions suivre depuis les premiers essais d'exploitation jusqu'à nos jours, et caractériser par ses résultats les plus significatifs.

Section I

Olivier de Serres nous apprend que la betterave rouge fut importée de l'Italie dans l'Europe du nord vers la fin du XVIe siècle, et cultivée dans les jardins comme plante alimentaire pour l'homme. C'est en Allemagne que cette culture prit d'abord de grandes proportions ; elle ne se développa en France que beaucoup plus tard. Une variété productive, mais très aqueuse, de la betterave, la *disette*, avait été introduite dans notre pays en 1775 par Vilmorin. On en faisait usage

Anselme Payen

principalement pour la nourriture des animaux. L'abbé Commerel, qui lui donna le nom de *betterave champêtre*, rédigea sur la culture de la *disette* en 1784 une bonne instruction publiée par ordre du gouvernement et insérée dans le *Dictionnaire* de l'abbé Rozier [1]. Ce n'est pourtant qu'à la fin du XVIIIe siècle que le blocus des ports français et les obstacles apportés aux communications de la France avec les colonies appelèrent l'attention du pays sur la possibilité d'obtenir de la betterave des ressources bien autrement précieuses. Il s'agissait en effet d'extraire économiquement de cette plante un sucre cristallisable, et tel est le problème que la science parvint à résoudre, en même temps qu'elle développait, au grand avantage de diverses industries indigènes, l'exploitation de matières premières tirées du sol, mais jusqu'alors négligées, qui produisirent en abondance l'acide sulfurique, le chlore, la soude, l'alun, le salpêtre, le sel ammoniac, etc. Dès-lors aussi furent inaugurées ces savantes méthodes industrielles au moyen desquelles la France, tout en luttant contre la pression extérieure, dota de forces nouvelles l'industrie des nations qui voulaient l'accabler.

De nombreux essais d'épuration des sirops et sucres de raisin, de miel, etc., n'avaient donné qu'un produit très différent du sucre de canne, deux fois moins soluble, deux fois moins sucré, et de saveur moins agréable. À l'époque même où se poursuivaient ces essais sans avenir, bien que généreusement encouragés [2], des efforts plus intelligents étaient provoqués par la découverte de Margraff, chimiste prussien, qui avait observé la présence d'un sucre cristallisable, semblable au sucre de canne, dans des solutions alcooliques où se trouvaient immergées des tranches de betterave. Dès 1799, un premier procédé manufacturier avait été indiqué par Achard, membre de l'Académie des Sciences de Berlin. Bien que ce procédé fût long, dispendieux, et d'une réussite incertaine, c'était un pas de fait dans la voie manufacturière. La Société d'agriculture de la Seine le comprit [3], et décerna en l'an XI à l'auteur une médaille d'or, pour avoir *le premier en Europe* extrait en grand du sucre cristallisable de la betterave. Dans la même séance, voulant récompenser les premiers perfectionnements des procédés manufacturiers, la Société d'agriculture décerna une médaille d'or à Deyeux, de l'Institut.

Dès l'année 1810, MM. Schumacher et C° avaient fondé une

fabrique de sucre où ils obtenaient de 54,450 k. de betteraves 1,100 k. de sucre brut, ou 2 pour 100, le tiers à peine de ce que l'on obtient maintenant des bonnes variétés traitées par les procédés modernes. Barruel introduisit quelques améliorations nouvelles, notamment l'emploi du gaz acide carbonique, mais dans des conditions bien moins favorables que celles ménagées aujourd'hui par un autre inventeur, et Ch. Derosne rendit l'extraction plus rapide et plus sûre en substituant à la cristallisation lente dans des étuves évaporatoires la concentration directe et la cristallisation immédiate du sucre brut. De leur côté, les ingénieurs mécaniciens apportèrent graduellement des perfectionnements remarquables aux ustensiles et machines propres à diviser ou à réduire les betteraves en pulpe, et à en extraire le jus sucré [4].

Cependant, il faut bien le reconnaître, au milieu de ce nombreux cortège de procédés, d'ustensiles, machines et appareils qui chaque année modifiaient le matériel des usines en le perfectionnant, mais aussi en imposant de lourds sacrifices aux manufacturiers, la sucrerie indigène aurait sombré, ou du moins elle n'aurait pu soutenir la concurrence du sucre de canne plus tard, après les événements de 1814, au moment où nos frontières furent ouvertes aux importations coloniales, si un agent nouveau d'épuration des jus et sirops n'eût été introduit dans l'extraction et le raffinage du sucre de betterave. Cet agent, d'une utilité si grande que rien n'a pu le remplacer encore, et dont l'emploi a été propagé des sucreries et raffineries de France dans les sucreries et raffineries de toute l'Europe, des Antilles, de l'Amérique et des Indes, c'est le charbon d'os, appelé *noir animal*, dont les propriétés épurantes et décolorantes ont assuré le succès complet, rapide et définitif des opérations souvent chanceuses du traitement des jus de betterave. Ce fut un événement considérable à une époque où la plupart des fabricants, découragés, cédaient le marché national au sucre exotique, devant lequel d'ailleurs les barrières du blocus continental s'étaient abaissées [5].

Voici dans quelles circonstances fut réalisée l'innovation heureuse qui plus tard devait permettre à la production indigène d'affronter la concurrence des colonies.

En 1810, Guillon, habile manufacturier, avait obtenu de bons résultats de l'application à la fabrication des sirops et au raffinage du sucre du charbon de bois, dont un navigateur russe, Lovitz, avait anciennement fait connaître les propriétés antiputrides et décolorantes. Figuier, de Montpellier, publia en 1811 les observations qu'il avait faites sur l'action décolorante du charbon d'os, plus énergique que celle du charbon de bois. L'année suivante, Derosne conçut la pensée de substituer le *noir animal au noir végétal* dans les opérations du raffinage et de l'extraction des sucres. Bientôt après, en 1813, la nouvelle méthode fut introduite chez les raffineurs de Paris, puis propagée dans les raffineries d'Orléans, du Havre, de Rouen, de Lille, de Bordeaux et de Nantes [6].

On ignorait alors quelle était la cause de la grande supériorité du charbon d'os sur le charbon de bois, et cependant cette notion théorique devait éclairer les opérations des sucreries. Il importait de résoudre la question. Un concours spécial fut ouvert en 1820 par la Société de pharmacie de Paris. Deux des concurrents [7], après de nombreuses expériences, parurent avoir résolu le problème, et reçurent le premier et le deuxième prix. Ils étaient arrivés aux mêmes conclusions, qui demeurèrent acquises à la science, et depuis ne furent plus contestées. Dès-lors il fut clairement établi que le pouvoir de décoloration propre au noir animal est inhérent au charbon pur ou carbone qu'il renferme, et qu'en outre la division extrême et régulière de ce charbon par l'interposition du phosphate et du carbonate de chaux dans la matière organique, en vertu de la structure des os, est la condition essentielle de l'intensité et de la régularité de cette propriété remarquable [8].

Dans le mémoire que j'avais présenté au concours [2] se trouvaient, avec la solution demandée par le programme, trois observations nouvelles qui passèrent inaperçues pour les uns, incomprises ou contestées par les autres, et qui cependant ont eu des conséquences d'un haut intérêt pour l'agriculture et l'industrie manufacturière. Je crois devoir reproduire ces observations, appuyées sur des recherches expérimentales, et montrer quels en ont été les résultats pratiques. Je ne m'écarte pas ainsi de mon sujet, car les destinées de ; l'industrie sucrière indigène restent étroitement liées à l'emploi du noir animal.

J'avais établi un premier fait : « Le charbon d'os s'empare de la chaux dissoute dans les solutions sucrées au point que les réactifs les plus sensibles, l'acide oxalique notamment, n'en accusent plus la présence. »

Cette propriété, éminemment utile, a déterminé et motive encore la préférence accordée au noir animal par les fabricants de sucre sur les autres agents de décoloration qui ne la possèdent pas. Et lors même que, suivant un nouveau et très remarquable procédé, on sature et l'on élimine la chaux employée en excès par un courant de gaz acide carbonique, la filtration au travers du noir animal demeure très favorable »au succès de l'opération, car elle enlève aux jus et sirops, outre la matière colorante, plusieurs substances organiques étrangères qui se seraient opposées à la cristallisation du sucre. Cette observation bien constatée conduisit à rechercher si plusieurs sels calcaires ne seraient pas éliminés de même de leurs solutions aqueuses, et à découvrir un moyen, que Robiquet a fait connaître, d'épurer certaines eaux potables. On est allé plus loin encore dans la même direction, et l'on a découvert la propriété singulière que possède aussi le charbon d'os, de fixer plusieurs oxydes métalliques et d'enlever aux solutions aqueuses de ces oxydes certains principes immédiats que l'alcool peut ensuite reprendre au charbon. L'analyse organique elle-même a profité de ces notions importantes, et les chimistes ont été avertis qu'en employant dans la recherche des poisons le noir animal pour décolorer les liquides, ils s'exposeraient à faire disparaître avec l'agent toxique la preuve du crime. Une pareille erreur n'est d'ailleurs pas restée sans exemple : commise par des manipulateurs inexpérimentés, elle n'a été reconnue qu'après un nouvel examen par des expérimentateurs mieux au courant de la science, appelés ensuite à l'honorable et délicate mission d'éclairer la justice dans ces graves circonstances.

Le deuxième fait constaté est celui-ci : « La propriété spéciale du charbon d'os peut être appréciée au décolonmètre, si l'on augmente l'épaisseur de la couche du liquide décoloré jusqu'à ce que la nuance en soit égale à celle du même liquide d'épreuve avant sa filtration au travers du noir. »

Il est évident que plus la couche devra être épaissie pour arriver à l'égalité de nuance, plus la décoloration aura été forte, car, pour une égale intensité de couleur, la quantité de matière colorante contenue dans l'unité de volume d'un liquide transparent est en raison inverse de l'épaisseur de la couche observée. L'opération se terminera donc en mesurant, sur une tige graduée, l'épaisseur de la couche de chacun des liquides : si la solution traitée par le noir doit avoir une épaisseur double pour offrir la même nuance, c'est qu'elle a perdu la moitié de sa matière colorante ; si l'épaisseur doit être triplée, c'est qu'elle aura perdu les deux tiers de la substance colorante primitive. M. Arago a démontré qu'en effet l'expérience est facile dans les conditions où il s'agit d'amener à l'égalité de nuance deux liquides en augmentant l'épaisseur de la couche de celui qui est décoloré partiellement, tandis qu'il serait impossible d'apprécier directement la différence entre deux liquides offrant des nuances d'inégales intensités. Quant à l'utilité de cette appréciation exacte du pouvoir décolorant du noir animal, elle est considérable et facile à comprendre : le moyen exact d'essai fondé sur les principes que nous venons d'exposer sert de guide aux fabricants de charbon d'os jaloux d'assurer à leurs produits une préférence méritée, et par cela même durable. D'un autre côté, entre les mains des producteurs de sucre indigène ou colonial et des raffineurs, il réalise une garantie doublement féconde, car le succès est dès-lors assuré dans l'extraction et le raffinage du sucre, principe immédiat dont les fabricants ont tant à redouter les altérations accidentelles. D'ailleurs l'action décolorante et le pouvoir énergique d'épuration se retrouvent presque au même degré dans le charbon, auquel sont restituées, par une opération spéciale appelée *révivification*, ses qualités primitives. Enfin, et c'est encore là une heureuse conséquence de ce mode d'essai, l'un des plus habiles constructeurs du décolorimètre, M. Colardeau, l'a proposé et fait employer, sous le nom de calorimètre, pour apprécier le pouvoir colorant de diverses matières tinctoriales.

Le troisième fait sur lequel nous croyons devoir appeler l'attention était exposé de la manière suivante, en 1822, dans le mémoire déjà cité : « Le charbon d'os, après avoir servi à la clarification des sirops, laisse un résidu applicable à la fertilisation des terres. »

Ici la vérité ne fut pas trop longtemps méconnue, et l'engrais puissant généralement désigné sous le nom de *noir résidu des raffineries* ne fut plus que partiellement ; jeté aux décharges publiques. Peu à peu l'on apprit par de magnifiques résultats pratiques que, conformément à la véritable théorie des engrais [10], ce résidu, abondant en phosphate (des os) et substance organique azotée (sang des clarifications), ajouté aux autres agents de la végétation à la dose de 5 ou 6 hectolitres par hectare, pouvait doubler les récoltes sur certains sols, en particulier dans les départements de la Loire-Inférieure, de la Vendée, de la Sarthe, de la Mayenne et de la Seine-Inférieure, augmentant par degrés dans la même proportion la puissance du sol et la valeur du fonds.

On reconnut plus tard la propriété fécondante, plus étonnante encore, du noir animal appliqué au défrichement des bruyères sur divers points de la France [11]. De si grands exemples ne pouvaient manquer de lever tous les doutes, de fixer l'attention des agronomes, et d'étendre la faveur méritée du puissant auxiliaire de la fertilisation des sols cultivables. On vit bientôt en effet le cours commercial de ce résidu, naguère négligé, s'élever au même prix que le noir animal neuf, puis dépasser ce niveau. Alors, les raffineries de France ne suffisant plus aux besoins de nos agriculteurs, des importations considérables de semblables résidus tirés de Russie et d'Allemagne purent à peine combler le déficit. La consommation annuelle du noir résidu en France est évaluée aujourd'hui à 17 millions de kilogrammes. La consommation n'en est pas moindre chez les agriculteurs anglais, qui, suivant en cela notre exemple, utilisent les résidus de leurs raffineries et s'approvisionnent de quantités considérables du même engrais par la voie des importations étrangères.

Nos sucreries indigènes, qui emploient toutes le charbon animal à hautes doses, en appliquent directement les résidus à leurs cultures : elles les répandent avec d'autres engrais sur les champs qui les environnent, et parviennent ainsi à élever graduellement la puissance et la fécondité du sol. On comprend toutefois que l'on ait *a priori* pu méconnaître les propriétés fécondantes du charbon animal : c'est qu'en effet, si l'on considérait seulement les caractères extérieurs et surtout la faible odeur du noir pulvérulent, on ne reconnaîtrait guère les définitions données par Virgile des masses de fumier épais répandues ou enfouies afin de fertiliser les sols cultivés et les terrains en friche :

Quod superest, quaecumque premes virgulta per agros,

Sparge fimo *pingui* et multa memor occule terra.

…Arida tantura

Anselme Payen

Ne saturare fimo pingui pudeat sola, neve

Effetos cinerem *immundum* jactare per agros.

Plus d'un cultivateur, confiant dans sa longue expérience, préjugeant aussi de la valeur des engrais d'après l'odeur forte et nauséabonde qu'ils exhalent, a dû s'y tromper. Cependant les abondantes et infectes fumures d'autrefois et d'aujourd'hui n'ont pas en réalité une énergie supérieure à celle des engrais pulvérulents, dont l'odeur est insensible ou très légère [12]. Ceux-ci peuvent renfermer, comme les fumiers mêmes, les principes de l'alimentation des plantes, qui se trouvent en proportions insuffisantes dans la plupart des terres et ne sont en excès dans aucune d'elles : ce sont principalement le phosphate de chaux formant la plus grande partie du poids de la matière inorganique des os, du noir animal, etc., et les substances organiques azotées, Seulement ces dernières, en voie de putréfaction active, donnent aux fumiers des étables leur odeur infecte, tandis que dans les engrais pulvérulents les substances azotées, moins humides ou douées d'une plus forte cohésion, fermentent bien plus lentement, et peuvent céder leurs émanations aux plantes sans laisser exhaler en pure perte dans l'atmosphère cet excès qui affecte désagréablement nos sens.

Section II

La découverte des propriétés décolorantes et des applications du noir animal nous conduirait directement à l'examen des procédés d'extraction du sucre indigène, si nous ne jugions devoir traiter d'abord des moyens employés pour déterminer la vertu saccharifère de la betterave et diriger la culture de cette plante dans les voies les plus productives. Avant de nous placer dans la manufacture, arrêtons-nous donc un peu sur le champ même où se cultive la plante, et recherchons quelles précieuses révélations l'étude de sa structure et de ses propriétés a fournies à l'industrie.

Les anciennes sucreries de betteraves, on l'a déjà vu, n'obtenaient en sucre cristallisé que des quantités inférieures à celles demeurées liquides au sous la forme d'un sirop brun visqueux demi-fluide appelé *mélasse*. À mesure que les procédés et les appareils s'étaient perfectionnés, surtout à, dater de l'emploi du charbon d'os, particulièrement alors que l'invention de M. Dumont en 1825 donna naissance à une application plus grande du noir animal en le mettant sous la forme grenue qui facilite la filtration des sirops au travers de couches de 1, 2 et jusqu'à 3 mètres d'épaisseur, les proportions avaient changé : on parvenait à recueillir plus de sucre solide ou cristallisé, et il restait moins de mélasse. Quelle était cependant la quantité maximum, à laquelle les manufacturiers pussent prétendre, de sucre réalisable sous la forme de cristaux ? En d'autres termes, quelles étaient, dans la betterave bien développée, les quantités de sucre préexistant soit à l'état cristallisable, soit à l'état incristallisable ? La science expérimentale pouvait seule répondre et fixer des limites ; encore l'analyse immédiate, toujours très difficile, était-elle alors si peu avancée, que la réponse semblait devoir se faire longtemps attendre.

Dans une note communiquée le 2 juillet 1825 [13] à la Société philomathique, nous constatons que les quantités de sucre incristallisable pouvaient être tellement réduites, qu'on devait considérer ce sucre comme ne préexistant pas dans la betterave, mais résultant des altérations éprouvées par le sucre cristallisable dans les opérations des usines. Les conclusions que j'avais déduites de ce fait furent confirmées par les analyses de M. Pelouze et celles de M. Péligot, à qui l'on doit plusieurs autres indications fort importantes sur les propriétés des sucres, et qui ont conduit à de nouveaux perfectionnements manufacturiers. D'un autre côté, M. Biot, en enrichissant la science de ses observations sur des phénomènes moléculaires ou inhérents à la nature intime des corps, vint lever tous les doutes et démontrer que le sucre cristallisable, identique avec celui de la canne ou des colonies, préexiste seul ou sans aucun autre sucre dans la betterave à l'état normal. Plus tard, mettant à profit les données scientifiques antérieures, notamment celles que M. Péligot avait publiées sur les combinaisons des bases avec les sucres, M. Dubrunfaut, auteur d'un grand nombre d'ingénieux procédés industriels, parvint à extraire à l'état de cristaux blancs et purs tout le sucre contenu dans les mélasses brunes, presque noires, salées et parfois infectes des sucreries indigènes [14].

Ainsi, par ces voies différentes de l'analyse immédiate, de la physique moléculaire et de la chimie appliquée, convergeant toutes vers un même but, on est arrivé à reconnaître que la betterave à sucre contient en moyenne pour 100 de son poids 10 1/2 de sucre entièrement cristallisable. De cette quantité préexistante, on n'obtenait dans les premiers temps que 2, 3 ou 4 ; les procédés d'extraction, perfectionnés graduellement, ont permis de retirer économiquement 5, 6 et jusqu'à 6 centièmes 1/2. On voit clairement la distance qui sépare encore les résultats pratiques obtenus du maximum théorique fixé par la science.

Une fois la présence du sucre cristallisable à haute dose reconnue dans la betterave, il se présentait une autre question : — où sont situés les tissus saccharifères de la plante ? à quels signes peut-on les reconnaître, et quels moyens employer pour en accroître le volume et en augmenter la sécrétion spéciale ? — Répondre à ces questions, c'était arriver d'une part à distinguer les espèces de betteraves les plus propres à la culture industrielle, c'était d'autre part fixer les règles de cette culture. Je résume ici le résultat de mes études sur cet important sujet, en rappelant qu'une très bonne anatomie de la betterave avait déjà été présentée par M. Decaisne.

La partie supérieure conique où s'insèrent durant la première année [15] les feuilles successivement développées, — en d'autres termes la *tête de la betterave*, — contient autour de l'axe ou dans son centre une sorte de moelle plus ou moins volumineuse, remplie d'un jus salé dépourvu de sucre. Ce sommet conique, formant la tige, très courte alors, de la plante, est abondant en fibres sinueuses et pauvre en substance sucrée ; de là vient que l'on excise la tête de la betterave pour la réunir avec une partie des feuilles aux rations alimentaires, des animaux herbivores, tandis qu'on réserve toute la racine comme matière première de la sucrerie. Cette dernière partie offre dans la betterave blanche, dite de Silésie, très généralement employée par les fabricants de sucre, la configuration d'une poire un peu longue. Dans toutes les variétés de betteraves, la partie superficielle ou épidermique est formée d'un tissu grisâtre dont les membranes sont injectées de substance azotée, grasse, et de silice : cette partie ne renferme pas de sucre. La couche sous-jacente, dite tissu herbacé, contenant souvent des substances organiques colorées en rouge, en rose [16] ou en vert, est également dépourvue de sucre.

Au-dessous du tissu herbacé, on remarque, sur la tranche

transversale ou perpendiculaire à l'axe d'une betterave, une couche composée de grandes cellules globuleuses déprimées aux points de contact entre elles, offrant à peu près dans leur section la forme d'un hexaèdre à angles arrondis et contenant surtout les principes étrangers au sucre, puis une couche moins translucide de cellules plus étroites et plus longues, qui contiennent principalement la sécrétion sucrée. Dans l'épaisseur de cette dernière couche se trouvent, également rangés en cercle, les faisceaux contenant les vaisseaux séveux qui parcourent la racine dans toute sa longueur pour se rendre au collet, dans la tige, et vers les pétioles des feuilles.

Ainsi donc, depuis le tissu herbacé sous l'épiderme jusqu'au centre, la betterave se montre formée de cercles concentriques plus ou moins larges, les uns à grandes cellules renfermant surtout les substances étrangères, les autres à cellules étroites qui contiennent principalement le sucre. Ces zones concentriques alternées peuvent toujours être discernées à l'œil nu et très facilement dans la plupart des betteraves colorées en jaune ou en rouge peu intense, car toutes les zones ou cercles concentriques colorés en jaune ou en rouge dans ces variétés marquent généralement la limite du tissu à grandes cellules, tandis que les cercles blanchâtres comprennent dans leur épaisseur les cellules étroites sacchariferes [17].

À la simple inspection de la coupe transversale d'une racine de betterave, on peut, jusqu'à un certain point, juger, comparativement surtout, de sa richesse en sucre : la betterave offrant les tissus sacchariferes les plus épais sera généralement la plus riche sous ce rapport. C'est là un premier moyen d'investigation, trop facile pour qu'on ne soit pas tenté d'y avoir égard, mais qu'il est bon de compléter, sinon par l'analyse immédiate lorsque cette opération de laboratoire n'est pas à la portée du fabricant, du moins par un essai fort simple, qui permet d'apprécier approximativement la qualité des betteraves que l'on récolte, de se rendre compte du rendement probable en sucre, de connaître les résultats dès soins d'amélioration donnés au choix des variétés, aux procédés de culture mis en usage. Il suffit, pour obtenir ces données approximatives, de peser une centaine de grammes de betteraves coupées en tranches minces, puis de les faire dessécher dans une étuve ou sur un poêle, et de constater, par une deuxième pesée, la quantité de substance restée après dessiccation complète.

Anselme Payen

Généralement, dans les conditions ordinaires de sols et d'engrais, le sucre contenu dans le résidu bien desséché ainsi obtenu d'une *betterave de Silésie* équivaudra (à 1/20e près) aux 2/3 du poids total. Quant aux variétés moins riches, les substances étrangères représenteront 5 ou 6 centièmes, qu'il faudra déduire du résidu sec pesant de 10 à 14, pour en conclure la proportion du sucre, variant dans ce cas de 5 à 8 pour 100. Il sera bon toutefois de recourir à l'analyse chimique et à l'observation optique pour obtenir des notions plus certaines sur la richesse et le rendement des betteraves à sucre.

Le concours des trois moyens d'appréciation et les observations pratiques sur la résistance des betteraves aux diverses causes d'altération ont conduit à reconnaître les différences suivantes entre les principales variétés de la grande culture. La *betterave champêtre* ou *disette*, très grosse, à zones roses et blanches, est la plus productive de toutes, car on en obtient aisément de 50 à 100,000 kilogr. par hectare de bonnes terres ; mais aussi de toutes c'est la moins riche en sucre : on ne la cultive guère que pour la nourriture des animaux, en particulier des vaches laitières. La *betterave rouge longue*, cylindroïde, sortant de terre de 1/3 de sa longueur, cultivée surtout pour la nourriture des animaux, est assez riche en sucre, mais abondante aussi en substances étrangères qui en rendent l'extraction difficile. La *betterave jaune longue de Castelnaudary*, cylindroïde, est une des plus sucrées et des plus faciles à diviser par la râpe mécanique ; mais son tissu moins résistant la laisse plus accessible aux influences atmosphériques que la *betterave blanche de Silésie*, pyriforme, de grosseur moyenne [18]. Celle-ci est généralement plus sucrée et plus résistante aux différentes causes d'altération que toutes les autres variétés ; on la préfère pour ces différents motifs dans les sucreries et même dans la plupart des distilleries.

Il est possible d'ailleurs de développer la sécrétion sucrée dans les bonnes variétés de betteraves, et le moyen d'y parvenir repose sur des faits, sur des observations physiologiques et chimiques très faciles à comprendre et très dignes de fixer notre attention. Il s'agit d'une méthode créée d'ailleurs et mise en pratique dans des circonstances remarquables qui prouvent une fois de plus ce que l'industrie gagne souvent de puissance inventive à se trouver sous l'empire de certaines nécessités. Aux environs de Magdebourg, des fabricants assez nombreux et intelligents se sont établis sur des sols argilo-sableux, profonds, en un mot propices à cette culture. Ils ont eu le bon esprit de s'entendre sur leurs intérêts communs, au lieu de se diviser sur les points où tant d'autres n'auraient vu que des motifs de concurrence ou de rivalité jalouse. Centralisant leurs observations pratiques, comparant leurs résultats, ils ont, dans une honorable émulation, réalisé ce qui se pratique avec un grand succès dans le nord de la France depuis l'époque où la sucrerie indigène y fut installée, et offrit elle-même tant de bons exemples qui se sont graduellement propagés : dans notre pays [19].

Les fabricants de Magdebourg, réunis sous le nom de *Société industrielle sucrière du Zollverein*, ont rencontré dans une voie spéciale un autre genre d'excitation au progrès : l'impôt dans leur pays est basé, non, comme chez nous, sur les quantités de sucre présumées et définitivement acquises, mais seulement en raison du poids des racines soumises au râpage. Bien que cet impôt soit moins lourd qu'en France [20], on comprend tout l'intérêt que doit trouver l'industrie dans l'emploi des betteraves riches en sucre : si elle pouvait accroître de moitié le rendement, le droit évidemment serait amoindri de 33 pour 100. Après de longs et persévérons efforts, les fabricants sont à peu près parvenus à réaliser cet important et curieux résultat. Voici comment : ils savaient sans doute qu'en Alsace depuis longtemps la production des pommes de terre avait reçu de notables améliorations à l'aide d'une ingénieuse méthode de sélection. Cette méthode consiste à réserver chaque année pour la plantation les tubercules les plus lourds, qui se trouvent être les plus féculents, et capables de reproduire des pommes de terre également plus riches en fécule ou plus *farineuses*, plus nourrissantes et plus agréables à manger. L'espèce de triage des tubercules les plus lourds s'effectue en quelque sorte spontanément, car il suffit de mettre les pommes de terre dans de l'eau graduellement plus salée, de séparer toutes celles qui surnagent, et de réunir pour les planter les tubercules qui plongent ou tombent au fond des vases contenant les liquides ainsi préparés. Les agriculteurs-manufacturiers de Magdebourg ont appliqué le même procédé au choix des betteraves dites *semençaux*, destinées à être replantées l'année suivante pour servir de porte-graines.

Anselme Payen

L'expérience a répondu à leur attente, car ces betteraves lourdes étaient les plus riches en sucre, et la graine qu'elles ont donnée a reproduit des racines de plus en plus sucrées, au point de contenir jusqu'à 14 et 15 centièmes de sucre, au lieu de 9 ou 11, et de produire un rendement manufacturier de 7 1/2 à 8, au lieu de 5 ou 6 1/2 pour 100. Les cultivateurs de Magdebourg remplissent une condition non moins importante et des plus favorables à l'extraction du sucre, en répandant les engrais dans une culture qui précède et enlève une portion des sels solubles [21].

Les autres soins que le cultivateur de betteraves doit prendre en tout cas, afin d'obtenir économiquement d'abondantes récoltes, consistent surtout à choisir des terrains convenables, argilo-sableux, légèrement calcaires, renfermant les doses utiles de phosphate de chaux, de sels de potasse et de soude, etc., assainis à l'aide du drainage, s'ils étaient trop humides. On doit d'ailleurs suivre un assolement qui ramène les betteraves seulement à des intervalles de trois, quatre ou cinq ans. Le précepte de Virgile est toujours vrai :

Sic quoque mutatis requiescunt fœtibus arva [22].

Il faut en outre bien ameublir le sol par des labours et hersages, disposer au semoir les graines à 33 ou 36 centimètres de distance, en lignes écartées de 66 centimètres environ, afin de pouvoir effectuer ultérieurement les binages et autres façons avec les ustensiles aratoires tirés par des chevaux.

Lorsque les graines sont levées, que la plante se montre, l'*ésherbage* doit se pratiquer à la main, et surtout en temps utile : c'est même la plus importante de toutes les façons, car aucune plante ne souffre plus que les jeunes betteraves de l'absence de la lumière, indispensable aux fonctions des feuilles, et qui peut se trouver interceptée par les plantes étrangères dites *mauvaises herbes*.

L'*arrachage* des betteraves nécessite d'ailleurs les précautions les plus minutieuses. Ainsi l'on doit éviter que ces racines tuberculeuses se choquent violemment entre elles ; chaque meurtrissure occasionnée par ces chocs, entraînant une déchirure du tissu végétal, a pour résultat l'épanchement des sucs hors des cellules. Dès-lors se produisent au contact de l'air des ferments, puis des affections contagieuses de la racine, qui changent par degrés le sucre cristallisante en sucre fluide. On voit combien il importe de maintenir les tissus intacts. Un autre soin consiste à tempérer l'effet des brusques changements de température, qui amènent tantôt la dislocation des cellules, tantôt un excessif développement de végétation. En Russie, c'est le froid qu'il s'agit de combattre, et c'est en disposant les racines dans de vastes bâtiments bien clos qu'on réussit à les préserver de la congélation. Dans la France méridionale, c'est au contraire l'influence d'une température trop élevée qui est dangereuse, et l'on enfouit les betteraves dans des silos. Le centre et le nord de la France sont dans des conditions meilleures : de longs fossés peu profonds recouverts avec un peu de terre suffisent à conserver les racines, pourvu qu'on ne néglige pas quelques dispositions d'aérage » Un moyen de conservation, déjà exploité sur une vaste échelle, pourrait convenir à tous les climats, chauds, tempérés ou froids, à tous les pays où le combustible se rencontre à bas prix : il consiste à diviser au coupe-racines les betteraves en petits prismes que l'on fait dessécher sur une plate-forme en tôle percée ou bien en toile métallique traversée par un continuel courant d'air chaud, comme les *tourailles* employées par les brasseurs pour dessécher l'orge parvenue au terme utile de sa germination [23].

Tels sont les principes auxquels est soumise la culture industrielle de la betterave ; mais là où finit la tâche du cultivateur commence une autre série d'opérations qui appellent aussi l'intervention de la science, marquée ici encore par d'importants résultats.

Section III

La betterave saccharifère étant produite dans des conditions satisfaisantes, il reste à examiner quels sont les procédés aujourd'hui en usage pour en retirer le sucre.

Dans la plupart des sucreries indigènes, les betteraves, après avoir été cultivées, récoltées et mises en silos, sont portées d'abord au *aveur mécanique*, puis réduites à l'état de pulpe fine à l'aide d'une râpe, dont le principal organe est un cylindre en fonte, armé de lames de scie, mû, comme tous les agents mécaniques de l'usine, par une machine à vapeur qui lui transmet un mouvement d'environ huit cents tours par minute. Des presses hydrauliques, dont l'action représente un poids de 900,000 kilos sur la surface du piston, expriment le jus, dont la quantité obtenue équivaut aux 85 centièmes du poids de la pulpe. Le jus s'écoule directement dans un cylindre d'où la force élastique de la vapeur, introduite parle simple jeu d'un robinet, le refoule à un étage supérieur dans une des chaudières dites à *déféquer* [24].

La première opération effectuée dans cette chaudière a pour but d'éliminer la plus grande partie des substances étrangères par la chaux éteinte (hydrate de chaux), qui les rend insolubles en se combinant avec eues, et les sépare du liquide sucré, devenu dès lors plus limpide. Jusqu'à ces dernières années, on obtenait ce résultat en employant des doses de chaux variables entre 2 1/2 et 6 kilogr. pour 1,000 litres de jus. Dans un assez grand nombre de fabriques, où s'est introduit le procédé de MM. Rousseau, qui se propage de plus en plus, on porte la dose de chaux à 15 et 20 pour 1,000 ; alors on élimine non-seulement les substances étrangères douées d'une affinité plus grande pour la chaux que le sucre, mais encore celles douées d'une affinité moindre, et que la chaux ne pouvait atteindre qu'après avoir entièrement saturé le sucre même. Dès lors l'épuration de la solution filtrée est plus complète ; le sucre, à la vérité, reste dans le liquide à l'état de *sacrale de chaux*, et il faut le mettre en liberté au moyen d'un courant d'acide carbonique gazeux [25]. Cet acide s'unit à la chaux et en forme un composé insoluble *carbonate de chaux*) qui se sépare de la solution bouillante à l'aide d'une simple et facile filtration, laissant dans le liquide diaphane le sucre plus pur.

Le procédé Rousseau, tout en réalisant l'épuration plus complète des jus, produisit un second effet d'une haute portée, car, ayant éliminé par l'acide carbonique les composés calcaires, il évitait les incrustations qui, dans les chaudières évaporatoires, s'opposent à la transmission de la chaleur, et occasionnent de grandes détériorations, souvent même des accidents fâcheux. Ces incrustations, nuisibles dans tous les appareils de concentration des sucreries, auraient rendu impraticable l'emploi d'un nouvel appareil qui économise de 33 à 40 pour 100 du combustible. À dater seulement du jour où ce procédé d'épuration fut adopté, on put songer à introduire dans les sucreries indigènes l'appareil évaporatoire à chaudières tabulaires et à triple effet, construit en Amérique, par un Français, M. Rillieux, sur les principes appliqués aux eaux salines par M. Sochet, et analogue aux systèmes à effets multiples de Derosne, mais pourvu de dispositions nouvelles. L'appareil tabulaire à triple effet de M. Rillieux, construit et perfectionné en France par M. Cail, en Autriche par M. Robert à Sellowitz, utilise, dans l'une de ses trois chaudières tabulaires closes, la vapeur qui a développé de la force mécanique en passant par une machine sans condensation ; il utilise en outre d'autres vapeurs naguère *perdues* de l'usine. On détermine ainsi l'ébullition du jus (clarifié par la chaux, puis par l'acide carbonique, et filtré au travers du noir animal), et on peut diriger la nouvelle vapeur émanée du jus de betterave vers deux autres chaudières semblables, où elle sert encore à concentrer les sirops jusqu'à 25 degrés, et au besoin même termine la *cuite* à l'aide de pompes à air. La machine, opérant une diminution de pression graduée ou proportionnée à la concentration qui donne aux sirops plus d'affinité pour l'eau, régularisé cette opération à la volonté de l'ouvrier chargé de ce soin. Aucune vapeur ne se répand dans l'usine, puisque toute l'opération se pratique en vase clos. L'eau distillée produite par la condensation des vapeurs sert à l'alimentation des générateurs, en évitant les incrustations que pourraient déterminer les eaux naturelles plus ou moins calcaires ou séléniteuses [26].

Le succès de l'appareil à triple effet et à chaudières tabulaires donna l'idée d'un autre procédé. On se proposa de remplacer, dans les sucreries, les générateurs et bouilleurs usuels par des générateurs tabulaires semblables à ceux des locomotives. M. Cail, qui conclut et réalisa cette idée, on a récemment obtenu d'heureux résultats, à la condition d'extraire préalablement de l'eau d'*alimentation* les sels calcaires capables d'incruster les tubes.

On vient de voir comment le jus de betterave est amené sans difficulté à l'état de sirop marquant 25 ou 26 degrés à l'aréomètre Baume. Il est alors filtré une deuxième fois au travers du noir animal en grains, puis immédiatement soumis à une dernière évaporation appelée *cuite*, qui s'effectue ordinairement dans une chaudière du système d'Howard, en communication avec des pompes destinées à extraire l'air, les vapeurs, etc. La *cuite* terminée,

Anselme Payen

le sirop est cristallisable ; mais alors il fallait naguère une série d'opérations minutieuses, longues et chanceuses, pour obtenir le sucre en cristaux égouttés, puis épurés, pour réunir les sirops, les faire cristalliser, pour faire égoutter les cristaux de deuxième jet, les épurer, etc. Aujourd'hui ces diverses opérations sont devenues faciles, rapides, et d'un succès assuré, grâce à l'invention très remarquable d'un ustensile applicable aussi bien à l'extraction du sucre de betterave et du sucre de canne qu'au raffinage des deux sucres. L'histoire de l'industrie saccharine ne présente peut-être aucun exemple de propagation aussi prompte d'un appareil dans les sucreries indigènes et coloniales et dans les raffineries. Cependant le but qu'il s'agissait d'atteindre était depuis longtemps indiqué par l'application à d'autres industries d'un ustensile semblable. Plusieurs industriels avaient même songé aux avantages qu'en pourraient retirer l'extraction et le raffinage du sucre ; mais personne avant M. Seyrig n'était parvenu à vaincre quelques difficultés dans l'application au sucre de l'ustensile rotatif, dit à force centrifuge, qui fonctionne si facilement dans les blanchisseries pour l'égouttage des tissus. C'est que, pour cette dernière opération, le vase restait clos après l'introduction des tissus mouilles, et tout était terminé aussitôt que le liquide cessait de sortir du cylindre ou tambour tournant. Le problème à résoudre relativement au sucre n'était pas le même. Après un premier égouttage, il fallait ajouter à deux ou trois reprises un sirop qui commençât l'épuration en passant au travers des cristaux. Or, si le cylindre demeurait ouvert, le sucre était projeté au dehors ; s'il était clos, il fallait arrêter le mouvement de rotation, ouvrir, puis refermer le vase, en sorte que la perte de force vive et de temps enlevait tout le bénéfice de cet égouttage forcé. Un ingénieux calcul, qui repose sur les effets de la force centrifuge, a donné l'idée d'un procédé qui permet de laisser le vase cylindrique ouvert, en y disposant, par quelques aménagements très simples, une zone où le sucre qu'on veut égoutter peut être facilement contenu. Il est ainsi devenu possible de faire cristalliser les sirop cuits dans des vases de toute forme, et le sucre, si facilement épuré en cristaux, ne laisse presque plus de déchet au raffinage, qui peut livrer directement, avec une grande économie de temps et de frais, ses produits à la consommation générale.

Section III

C'est à l'aide de ces divers moyens de production économique et rapide que les fabriques de sucre indigène, après des fluctuations inévitables en raison des entraves qu'ont apportées les événements et de désastres agricoles imprévus [27], sont parvenues, en 1856, au nombre de 275, à produire 92 millions de kilogrammes de sucre, quantité qui dépasse la production de nos colonies, tout en supportant des droits de douane plus élevés que ceux imposés aux sucres des Antilles. En 1857, le nombre des fabriques en activité s'élève à 283 ; mais la récolte ayant été moindre, la production a diminué de 9 millions. Ce qui prouve que l'infériorité de la récolte est la vraie cause de la diminution, c'est qu'en calculant la production du sucre durant la campagne qui s'ouvre en ce moment, on peut conclure de l'approvisionnement en betteraves, d'après les belles apparences de la récolte, que cette production dépassera 100 millions de kilogrammes en 1858.

L'histoire des applications de la betterave ne serait pourtant pas complète, si, après avoir montré cette humble racine rivalisant avec la tige aérienne de l'un des plus gracieux végétaux des colonies, on n'indiquait un autre élément de produit qui la recommande à l'attention de nos cultivateurs. C'est encore sous la pression de circonstances inattendues qu'on a découvert le nouveau moyen d'utiliser la betterave.

Par une coïncidence singulière et peut-être unique, les trois grandes sources ordinaires de la production alcoolique en France, ou plutôt dans presque toutes les parties du monde, se sont trouvées simultanément taries. Ce fut d'abord une affection jusqu'alors inconnue de l'une des plantes les plus féculentes qui, attaquant dès 1843, en Amérique, des champs entiers de pomme de terre, étendit en, 1845 et durant les années suivantes ses ravages en Allemagne, en Belgique, en France, en Angleterre, en Italie et dans d'autres contrées. À peine les distilleries des deux mondes étaient-elles privées de cette matière première, qu'une autre source plus puissante de la production alcoolique se trouvait également tarie : une maladie spéciale de la vigne, dont l'antiquité ne nous laisse que des traces incertaines, sortie des serres de Margate, se répandait dans toutes les contrées viticoles, en France, en Italie, en Grèce, en Amérique, et, chose non moins remarquable, les deux affections présentaient les plus grandes analogies entre elles,

Anselme Payen

tout en frappant deux plantes si différentes [28]. La troisième source d'une abondante production alcoolique, tarie depuis plusieurs années, se rencontrait en France, en Allemagne, en Angleterre : c'était la distillation des grains. Les prohibitions qui entravaient le commerce des céréales dans diverses contrées sont aujourd'hui levées en partie, et si la moisson de 1858 égale celle de 1857, on peut admettre que les choses se retrouveront alors dans leur état normal.

Quoi qu'il advienne cependant, les déficits énormes éprouvés depuis 1854 dans les quantités de matières premières qui approvisionnaient antérieurement les distilleries ont jeté une très grande perturbation dans cette industrie et provoqué la recherche et l'emploi de substances alcoogènes négligées jusque-là. Nous citerons entre autres divers fruits sucrés, notamment les figues et les prunes, d'autres produits susceptibles d'éprouver la fermentation alcoolique, tels que les eaux de lavage des racines de garance traitées par l'acide sulfurique, ou les bulbes d'asphodèle arrachées dans des terres incultes de l'Algérie et de nos contrées méridionales. Les produits ainsi obtenus représentaient à peine toutefois un ou deux centièmes des 500,000 hectolitres d'alcool livrés naguère au commerce par les distillateurs de vin, de grains et de pommes de terre ; aussi les cours s'élevaient-ils au point de quadrupler le prix moyen de l'alcool.

Ce fut dans ces conditions que la distillation des betteraves, jusqu'alors bien peu profitable, offrit des bénéfices énormes, — au-delà de 100 pour 100 [29]. Surexcités par une aussi brillante perspective, un assez grand nombre de manufacturiers se décidèrent aisément à transformer en distilleries leurs fabriques de sucre, dont ils utilisaient ainsi presque tout le matériel : laveurs, râpes, presses, réservoirs, et même en partie les chaudières. Ces dispositions nouvelles avaient l'avantage de faire rendre à la betterave des quantités d'alcool plus en rapport avec les besoins de la consommation que les produits des diverses autres matières premières, et en outre de laisser des résidus propres à la nourriture du bétail. D'un autre côté pourtant, elles occasionnaient une diminution notable dans la production du sucre, et par suite le renchérissement de cette substance si utile à l'alimentation salubre des hommes. D'ailleurs il était facile de prévoir que la distillation des betteraves dans les grandes sucreries ne survivrait pas au changement des circonstances qui avaient déterminé la transformation des usines. Les fabricants se trouveraient dès lors naturellement replacés dans les conditions où précédemment, avant la maladie de la vigne, ils croyaient plus avantageux d'extraire le sucre de la betterave que de le transformer en alcool.

Une partie de ces prévisions se réalise aujourd'hui, car le matériel des sucreries retourne à sa destination première, et cependant ce ne sont pas les motifs prévus de ce revirement qui l'occasionnent, car l'alcool du vin n'a pas d'importance encore sur le marché, si tant est qu'il doive en acquérir beaucoup cette année. D'ailleurs, si l'industrie sucrière indigène reprend en effet le cours de ses progrès, momentanément interrompus, la fabrication de l'alcool de betterave continue de se développer, mais dans une tout autre voie que celle primitivement explorée. C'est qu'au milieu des travaux entrepris en vue de fabriquer l'alcool avec diverses matières premières, en mettant à profit les appareils et procédés connus, une idée nouvelle avait surgi, et deux moyens particuliers s'offraient pour la réaliser en grand.

Un inventeur dès longtemps familiarisé avec les opérations des sucreries et des distilleries de betteraves, M. Champonnois, s'était dit : « Ne pourrait-on organiser la distillation de façon à obtenir surtout de la racine saccharifère les substances nutritives pour les animaux des fermes après la transformation de la plus grande partie du sucre en alcool et acide carbonique ? » Dans cette pensée, l'alcool devenait l'accessoire, tandis que la pulpe, si peu abondante dans les sucreries transformées, négligée pendant longtemps comme un inutile résidu par les anciens macérateurs, formait le produit principal. Alors aussi toutes les variations des cours commerciaux devaient bien moins affecter l'industrie, rendue presque exclusivement agricole, et dont le principal produit devait être consommé dans les fermes. Telle est l'idée simple et féconde qui conduisit M. Champonnois à introduire dans les procédés en usage et dans la marche des opérations un changement dont il nous reste à dire un mot.

Au lieu d'employer l'eau ordinaire à déplacer le jus sucré des betteraves découpées en minces bandelettes, l'inventeur se sert du liquide appelé *vinasse*, sortant de l'alambic épuisé de l'alcool

Anselme Payen

qu'il contenait, mais retenant, avec les 9/10es de l'eau, toutes les substances fixes ou peu volatiles capables de servir à la nutrition, c'est-à-dire les matières azotées, grasses et salines. Il en résulte qu'après avoir été lessivées par la vinasse, les bandelettes de betterave ont repris tous les principes constituants de cette racine, excepté le sucre, changé en alcool, tandis qu'en suivant l'ancienne méthode, elles ne retenaient du lessivage que l'eau interposée, et valaient à peine comme engrais les frais de transport sur les terres à fumer. Toujours préoccupé des moyens de rendre son système facilement applicable dans les exploitations rurales, M. Champonnois n'y pouvait parvenir sans rendre aussi la fermentation des jus plus régulière et mieux assurée. Il y a réussi à l'aide d'une modification en apparence légère, en réalité fort importante. Au lieu d'exciter la fermentation alcoolique dans les jus sucrés par l'addition d'une petite quantité de ferment, comme cela se pratiquait avant lui, il fait écouler, en un mince filet, ces jus dans une cuve à demi remplie du liquide vineux d'une opération précédente en pleine fermentation. On voit que dans ce cas le liquide sucré qui s'écoule en faible quantité rencontre une grande masse de liquide contenant en suspension la levure la plus active, dont il entretient lui-même la reproduction. C'est une fermentation qui se régularise par sa continuité même, favorisée d'ailleurs à l'aide de la légère réaction acidulé que produisent les acides végétaux de la betterave, déplacés par une addition de 1 1/2 à 2 millièmes d'acide sulfurique. Très généralement le moût du jus de betterave fermenté donne, par une première distillation continue, de 8 à 10 centièmes de son volume d'alcool à 50 degrés. Cette quantité se réduit à peu près à la moitié lorsqu'on la rectifie à l'aide d'un appareil distillatoire spécial dit *rectificateur*, qui élève le degré de 50 à 90 ou 94. Cette dernière opération se pratique soit dans la même usine où la distillation s'est faite, soit dans un établissement central de rectification. En tout cas, elle a pour but d'obtenir un produit alcoolique aussi pur que possible, en éliminant, par une distillation bien ménagée, les produits à odeur forte, plus volatils que l'alcool, et qui se distillent les premiers. On élimine encore ainsi des *huiles essentielles*, moins volatiles que l'alcool, et qui passent les dernières à la distillation.

Un nouvel appareil distillatoire importé d'Angleterre et monté en grand par M. Cail, qui l'essaie en ce moment, semble pouvoir réunir les deux opérations de la distillation et de la rectification en une seule. En théorie, les difficultés que présenteront les dispositions nouvelles et la direction de cet appareil ne paraissent pas insurmontables, car il suffirait de faire circuler le jus fermenté d'abord dans un vase chauffé à une douce température, qui éliminerait en vapeurs condensées à part les composés odorants les plus volatils, puis, au bas de l'appareil distillatoire, d'extraire les liquides chargés d'*huiles essentielles* infectes, en évitant ainsi qu'elles retombent dans la chaudière. Le résultat économique qu'on en pourrait obtenir aurait une véritable importance : il introduirait un nouvel élément de succès dans les distilleries agricoles, dont il simplifierait encore les installations en les rendant plus économiques.

Les avantages de ces distilleries perfectionnées ont été tellement bien compris, qu'elles continuent à se multiplier en France : déjà on en compte près de deux cents, représentant ensemble une consommation journalière de 2 millions de kilos de betteraves, et durant les deux cents jours de travail pendant une année, — 400 millions de kilogrammes de ces racines [30]

Le développement de la distillation des betteraves, suivant le nouveau système, au milieu des exploitations agricoles, tient à plusieurs causes que nous allons rappeler ici en complétant les premières indications que nous avons données à ce sujet. Sur 100 kil. de betteraves, le procédé qui vient d'être décrit permet non-seulement d'obtenir de 75 à 78 kil. de résidu propre à la nourriture des animaux, mais encore cette pulpe humide, mélangée avec trois fois son volume de divers fourrages-communs bien macérés, améliore, en les rendant plus assimilables, les portions trop résistantes de ces fourrages [31]. Ce procédé permet aussi de tirer un parti avantageux de certaines variétés, comme les betteraves rouge et jaune, faciles à arracher et abondantes en principes alibiles étrangers au sucre. Ces principes restent en effet dans la vinasse réunie aux bandelettes de betterave, tandis que la plus grande partie s'écoulerait en pure perte des distilleries où l'on emploie soit les presses, soit le lessivage à l'eau.

L'emploi des presses ou du lessivage à l'eau soulève d'ailleurs une importante question de salubrité. Il est bien rare que l'écoulement des vinasses ainsi traitées soit exempt d'inconvénients graves. Si

Anselme Payen

elles se rendent dans un petit cours d'eau ayant un faible volume ou peu de vitesse, ou dans un étang, elles y portent des germes de fermentation putride qui manifestent leur présence, soit en détruisant les poissons, soit par des émanations incommodes et insalubres pour la contrée [32]. Ces inconvénients peuvent s'aggraver encore dans le cas plus général où les vinasses s'écoulent soit dans des fossés, soit sur des terrains horizontaux, ou offrant des pentes très faibles ; elles y forment bientôt des mares putrides dont l'étendue augmente les dangers. Aussi a-t-on vu dans plusieurs départements les préfets interdire l'établissement de distilleries placées dans ces conditions. Les usines installées suivant la méthode de macération et de lessivage à la vinasse sont exemptes de pareils reproches, car elles utilisent la totalité de leurs résidus.

L'histoire des exploitations de la betterave en France présente, on a pu s'en convaincre, un ensemble de résultats bien dignes d'intéresser tout à la fois l'administrateur, le savant, l'industriel et l'économiste. Parmi ces résultats, il en est quelques-uns d'essentiels sur lesquels je reviendrai en terminant.

Née sous la pression de graves circonstances, sortie victorieuse d'épreuves multipliées, l'industrie sucrière indigène, en améliorant par d'ingénieux appareils la fabrication du sucre, a fourni une base aux progrès réalisés ou en voie de s'accomplir dans les sucreries coloniales. Grâce à cette impulsion puissante, le prix de revient du sucre s'est abaissé, et la production totale a pu s'élever au niveau d'une consommation croissante, qui est bien loin encore d'avoir atteint son apogée, car on ne consomme actuellement en France [33] que 168 millions de kilos de sucre, tandis que la consommation du sel dépasse 240 millions de kilos. Or, si l'aisance était plus générale, il est évident que la proportion inverse devrait s'établir, et que la consommation du sucre devrait atteindre 360 millions de kilos. Elle ne serait encore, à ce chiffre, que de 10 kilos par tête, tandis qu'en Angleterre et en Ecosse elle s'élève à 16 kilos par individu, et tend à s'accroître encore.

En cherchant à perfectionner le raffinage du sucre, l'industrie sucrière a provoqué une précieuse découverte, — celle des propriétés du noir, animal, non-seulement comme agent de raffinage, mais comme un des plus puissants engrais dont dispose aujourd'hui l'agriculture, comme un de ses plus énergiques auxiliaires dans les terrains à défricher.

Le problème de l'introduction des sucreries dans les fermes, proposé par la Société centrale d'agriculture et par la Société d'encouragement, a été résolu, mais dans un sens inverse à celui des programmes : le matériel est resté trop complexe, trop dispendieux pour les petites exploitations rurales ; les grandes fabriques de sucre sont devenues les centres agricoles de cultures perfectionnées qui ont développé à la fois la production animale et la production du blé, en réalisant ainsi les vues des économistes et des savants.

Des préjugés de diverse nature offraient de sérieux obstacles au succès des sucreries indigènes ; l'un des plus tenaces contestait au produit de la betterave une qualité sucrante égale à celle du principe immédiat tiré de la canne. Il est aujourd'hui reconnu, conformément aux données scientifiques les plus exactes, que le sucre de canne et le sucre de betterave se trouvent absolument identiques lorsqu'il sont parvenus à l'état de blancheur et de pureté complète, mais que jusque-là les proportions minimes de substances étrangères sapides et odorantes ont une influence marquée et une importance notable. Dans la plante indigène, ces substances, désagréables au goût et à l'odorat, en déprécient sensiblement les produits applicables à la consommation. Dans la plante coloniale, offrant un arôme agréable propre à la canne, elles ont un cours plus élevé, et, comme le sucre candi avant sa complète épuration, trouvent des applications spéciales, notamment dans le sucrage des liqueurs et du vin de Champagne, dont elles servent même à former le bouquet.

Par suite des affections végétales qui ont frappé simultanément nos vignobles et nos cultures de pommes de terre, la production de l'alcool s'est trouvée réduite bien au-dessous de la consommation de ce produit dans ses diverses applications. En France, la cherté des grains est venue accroître ce déficit, et ces circonstances accidentelles ont amené la formation de diverses industries alcoogènes. Parmi ces industries de récente création, la plus remarquable sans contredit est celle qui emprunte à la betterave son sucre pour le transformer en alcool, et rend à l'agriculture, presque en totalité, les autres principes immédiats de la racine saccharifère qui s'appliquent avec un incontestable succès à la nourriture et à l'engraissement des animaux, surtout en améliorant les qualités nutritives des fourrages de qualité inférieure. Cette source récemment découverte d'alimentation du bétail ouvre une ère nouvelle aux progrès agricoles, qui reposent essentiellement sur l'accroissement du nombre des animaux des fermes, car le développement des prairies artificielles et l'augmentation des engrais destinés à élever la puissance du sol en sont les conséquences nécessaires. Bien que née de circonstances exceptionnelles, la fabrication de l'alcool de betterave présente donc des avantages qui lui garantissent un long avenir. Tout porte à croire que cette fabrication ne s'arrêtera pas, qu'elle contribuera de plus en plus, avec l'extraction du sucre indigène, avec l'emploi de la fécule de pommes de terre, des huiles de graines, des fibres textiles du chanvre et du lin, à cimenter une féconde alliance entre l'agriculture et l'industrie.

Augmentation dans la consommation du sucre, découverte d'un engrais précieux, introduction de ressources nouvelles dans la production alcoolique et dans l'alimentation du bétail, tels sont en somme les faits considérables qui ont leur point de départ dans les premiers essais tentés pour développer la culture industrielle et utiliser les propriétés saccharines de la betterave. À côté de ces heureux résultats, il en est un pourtant que nous aimons à constater en terminant : c'est l'industrie manufacturière s'établissant et prospérant au milieu des champs qui lui fournissent ses matières premières, avec son cortège d'ingénieurs habiles, de contre-maîtres instruits, de mécaniciens capables. Ainsi s'augmente utilement la population de nos campagnes, ainsi sont entraînées vers de nouvelles applications de l'industrie agricole des forces surabondantes dont l'encombrement est un danger pour nos villes. Le même mouvement qui développe la richesse matérielle du pays tourne en définitive au profit de l'hygiène publique et de la morale.

Notes

1.   Huitième volume, article racine de disette, nom que les Allemands ont traduit par ce mot composé : Manget-Wursel.

2.   En 1810, sur le rapport d'une commission convoquée par M. de Montalivet, ministre de l'intérieur, et composée de

Berthollet, Chaptal, Parmentier et Vauquelin, des récompenses furent décernées, l'une de 100,000 fr. avec la décoration de la Légion d'honneur à Proust, l'autre de 40,000 fr. à Fouques, à la condition que ces sommes seraient employées à construire des fabriques de sucre de raisin dans nos départements méridionaux. Aussitôt un décret ordonna qu'à dater du 1er janvier 1811 pour tout délai, le sucre de raisin remplacerait le sucre de canne dans les divers établissements publics.

3.   Cette compagnie, instituée sous le nom de Société royale d'agriculture de Paris, par Louis XV, en vertu d'un arrêt du conseil d'état, le 1er mars 1761, reçut de Louis XVI, le 30 mars 1788, un règlement qui l'organisa en Société royale et centrale pour tout le royaume. Supprimée avec les autres sociétés savantes en 1793, elle se réunit spontanément, avec l'appui de l'administration départementale, en juin 1798, sous le nom de Société d'agriculture du département de la Seine. L'empereur Napoléon lui rendit une existence légale en l'autorisant à prendre le titre de Société impériale d'agriculture. En 1848, le gouvernement provisoire régla la division de la société en sections ; enfin un décret du 1er janvier 1853 la rétablit sous le titre de Société impériale et centrale d'agriculture.

4.   On doit citer particulièrement le laveur de M. Champonnois, les râpes mécaniques de Burette, d'Odobel, de Pichon, et surtout de Thierry, les presses d'Achard d'Isnard, d'Olivier, de Molard, les chaudières et appareils évaporatoires de Guillon, Derosne, Sorel et Gautier, Taylor et Martineau, Halette, Moulefarine, Pecqueur, Howard, Derosne et Cail, etc. Dès l'année 1812, le gouvernement impérial imprimait la plus vive impulsion aux travaux de la sucrerie indigène. Un décret du 15 janvier de cette année fonde 5 fabriques-écoles : aux Vertus près Paris, dans le département du Mont-Tonnerre, à Douai, Strasbourg et Castelnaudary ; 100 élèves chimistes y doivent être formés aux opérations pratiques. Ce décret prescrit l'ensemencement de 100,000 arpens métriques en betteraves, offre 500 licences affranchissant de tous droits pendant quatre ans un égal nombre de manufacturiers, crée 4 fabriques impériales, dont une à Rambouillet devant produire 2 millions de kilos de sucre dans la campagne suivante. En 1813, 334 fabriques produisirent 3,800,000 kilos de sucre. Cette production

depuis lors, après des alternatives de baisse et de hausse, peu à peu décuplée, est devenue enfin trente fois plus considérable.

5.   La fabrication du sucre de betterave aurait disparu de notre sol, si des hommes courageux, éclairés, n'eussent persisté, conservant à la France une industrie qui doit enrichir son agriculture. Parmi les fabricants qui ont obtenu le plus de succès, on doit citer M. Crespel au premier rang. Établis dans le nord de la France, ses ateliers furent dévastés par les armées étrangères. M. Crespel réunit les minces débris de sa fortune, déplaça ses ateliers, et, chaque année employant ses bénéfices à étendre ses cultures, il fabriquait en 1825, dans deux usines d'Arras, 140,000 kilogrammes de beau sucre. (Voir le volume XXIV du Bulletin de la Société d'encouragement, rapport de M. Chaptal.) M. Crespel-Dellisse, un des premiers, fit usage du noir animal. En 1854, dans sept fabriques, il traitait 50 millions de betteraves, produisant de 2,500,000 à 3 millions de kilos de sucre, et payant à l'état de 1,350,000 à 1,600,000 francs.

6.   Tous les ans, on a vu, depuis la première application heureuse du charbon d'os, et l'on voit encore chaque année des inventeurs venir proposer des agents chimiques de décoloration plus énergiques. C'est ainsi que l'on a été conduit à essayer en grand, sous différentes formes, l'alun, l'alumine, les sels de plomb, l'acide sulfureux, les sulfites, etc. ; mais, au milieu de ces nombreuses tentatives en vue de perfectionnements dont quelques-uns ont surgi et ont même transformé l'industrie saccharine, l'emploi du noir animal est demeuré comme le pivot nécessaire autour duquel les opérations relatives à l'extraction et au raffinage du sucre ont dû forcément tourner. On ne saurait regretter qu'il en ait été ainsi en considérant les utiles et importantes conséquences de l'emploi du noir animal non-seulement pour les sucreries indigènes et coloniales, mais encore pour l'agriculture et les défrichements.

7.   M. Bussy et l'auteur de cette étude.

8.   Cette condition essentielle de l'action énergique, du carbone a une influence telle que le charbon d'os, qui la réalise, décolore 10 fois plus que le charbon de bois, bien que ce dernier contienne environ 9 fois plus de carbone, mais dans un état de division moindre. Ainsi donc on est fondé à dire que le même corps,

en vertu d'un état physique spécial, peut exercer une réaction 900 fois plus grande.

9.   Voyez ce Mémoire sur les charbons, ou Théorie de l'action du noir animal, dans l'Annuaire de l'Industrie nationale et étrangère, t. VI, p. 149.

10.   Ainsi qu'on peut le voir dans les récents traités d'agriculture et de chimie industrielle et dans un remarquable mémoire sur le phosphore, que vient de publier M. Élie de Beaumont, secrétaire perpétuel de l'Académie des Sciences.

11.   Chez plusieurs grands propriétaires, 4 hectolitres 1/2 de noir animal étendus sur chaque hectare de bruyère labourée ont favorisé la végétation des céréales à un tel point que le produit de la récolte a pu suffire pour compenser tous les frais de défrichement. Une semblable addition chaque année a depuis, avec le concours de quelques engrais usuels, soutenu cette luxuriante végétation dans plusieurs localités du Loiret, d'Indre-et-Loire, de Loir-et-Cher.

12.   Tels sont encore les os en poudre, les râpures de corne, la chair et le sang secs, les poissons séchés et pulvérisés, les plumes, les débris divisés des étoffes de laine et de soie, etc., le guano même, dont l'odeur ammoniacale musquée ressemble bien peu aux exhalaisons fétides des fumiers usuels.

13.   Voyez le vingt-quatrième volume du Bulletin de la Société d'encouragement.

14.   Ce procédé remarquable donnait même des résultats économiques, et a été exploité avec profit dans plusieurs fabriques spéciales jusqu'au moment où, l'administration ayant soumis à l'impôt ces produits inattendus dont l'importance allait croissant, les bénéfices et l'industrie spéciale ont cessé tout à la fois.

15.   Dans les saisons chaudes et pluvieuses, cette portion se développe dès la première année, — comme elle doit le faire ordinairement la deuxième année, si on replante la betterave, — en une tige ramifiée, haute d'environ 1 mètre, portant fleurs et graines. Cette deuxième végétation de la plante bis-annuelle épuise peu à peu la racine de tout le sucre qui s'y était accumulé durant la première phase de la végétation, et sert, durant la dernière période, à l'alimentation des pousses aériennes par la transformation de

la matière sucrée en une substance congénère, la cellulose, qui constitue la trame de toutes les cellules végétales.

16.   Comme dans les betteraves blanches à collet rose, qui sont les plus sucrées.

17.   Les substances étrangères au sucre sont nombreuses dans la betterave, bien qu'en somme dans les bonnes variétés la quantité pondérable du sucre domine et forme à peu près les deux tiers de la substance sèche totale. Un des points remarquables dans la composition de la betterave, c'est la faible proportion du tissu résistant : on voit que moins d'un centième du poids total suffit pour donner à cette racine toute sa consistance, de telle sorte que, si l'on parvenait à déchirer toutes les cellules, la masse entière de la betterave serait rendue liquide.

18.   Parmi les nombreuses variétés et sous-variétés de betteraves, on peut citer en outre la globe rouge et la globe jaune, ainsi nommées en raison de leur forme à peu près sphéroïdale. Elles sont volumineuses, très productives, faciles à extraire du sol, dont elles dépassent presque entièrement le niveau, n'y puisant leur nourriture terrestre que par une longue et mince racine pivotante ; mais le jus en est moins sucré que celui des betteraves jaunes de Castelnaudary et blanches de Silésie, auxquelles on donne presque toujours la préférence.

19.   Les fabricants de sucre de Valenciennes forment entre eux une espèce de franc-maçonnerie très rare dans le monde industriel et très digne d'être signalée : ils sont tous amis les uns des autres, ils visitent réciproquement leurs usines et se communiquent avec un abandon absolu toutes les particularités de leur fabrication. Il s'ensuit une solidarité de progrès très remarquable. Ce n'est pas seulement entre eux que les manufacturiers valenciennois font preuve de cette honorable abnégation ; ils l'étendent aux étrangers de tous les pays. Aucun de leurs confrères n'est venu chez eux sans y rencontrer l'accueil le plus empressé, l'initiation la plus complète et la plus désintéressée à toutes leurs opérations. L'arrondissement de Valenciennes, qui, depuis l'année 1826, est véritablement la grande école des fabricants de sucre indigène, est aussi le plus grand producteur de sucre : la fabrication s'y est élevée en 1851 à 16 millions de kilos ; c'était alors le cinquième de la production

Notes

totale de la France. Parmi les fabricants du Nord qui ont le plus contribué aux progrès de la sucrerie indigène, on cite MM. Blanquet de Famars, Harpignie-Delannoy de Crespin, Serret-Hamoir-Duquesne de Valenciennes, Marly et Wallers, Amédée Hamoir de Saultain, Gouvion-Deroy de Denain et Baillet de Condé, Grar de Valenciennes, Bernard de Lille, Dervaux, Tilloy, Lesens, Lefèbvre, etc. Nous ne saurions sans injustice négliger de mentionner à cette occasion le nom de M. Florent Robert, Français établi à Sellowitz en Autriche, où, au milieu des exploitations agricoles, il a fondé de vastes ateliers pour l'extraction du sucre et la fabrication de l'alcool à l'aide d'appareils et de procédés qu'il a su perfectionner encore, après avoir étudié les moyens employés en France et au dehors dans des usines analogues.

20.   Dans tous les états de l'association allemande, l'impôt est actuellement de 6 gros par quintal, soit 1 fr. 50 c. pour 100 kilos de betteraves. On obtient en moyenne de celles-ci 7 k. 50 de sucre, d'où il résulte que 100 kilos de sucre supportent un droit de 20 fr., tandis que le droit en France dépasse 50 fr.

21.   La betterave, ainsi que plusieurs plantes ou salifères ou maritimes de la même famille (chénopodées), peut sans doute développer une végétation luxuriante sous l'influence des engrais abondants en principes salins ; mais alors ses racines, souvent plus volumineuses et moins sucrées, donnent un jus plus aqueux, dans lequel les substances salines opposent toutes un obstacle réel à l'extraction du sucre : le sel marin en particulier forme un composé cristallisable qui retient plus des 8/10es de son poids de sucre, suivant l'observation de M. Péligot. Nos fabricants de sucre, qui ne sont pas excités par un mobile aussi puissant, se contentent d'entretenir la qualité saccharine de leurs betteraves en renouvelant de temps à autre la semence, qu'ils font venir de Silésie. Peut-être obtiendraient-ils encore de meilleurs résultats en réunissant toutes les conditions favorables que nous venons de rappeler pour accroître la sécrétion sucrée et réduire aux doses utiles à la végétation les substances salines dans le sol.

22.   Je sais bien que l'on a pu cultiver les betteraves pendant plus de vingt-cinq ans, sans interruption, sur le même sol ; mais alors certaines causes naturelles de déperdition se sont constamment manifestées. M. Crespel-Dellisse d'Arras a vu

chaque année, dans une pareille circonstance, survenir un si grand nombre d'insectes, qu'au moment de la pousse des premières feuilles, celles-ci se trouvaient entièrement mangées. La plante dès-lors cessait de croître, et l'on était obligé, pour obtenir une récolte, de renouveler l'ensemencement après un hersage énergique ou même un labour. Il est également vrai que, durant l'intervalle de temps entre les deux ensemencements, les insectes, ayant accompli leurs transformations, ne pouvaient plus attaquer cette seconde pousse ; mais la dépense avait été doublée et la récolte amoindrie ou même tout à fait compromise, lorsqu'une sécheresse ou des pluies prolongées avaient trop longtemps retardé le deuxième ensemencement.

23.   Le procédé de la dessiccation des betteraves et du traitement des cossettes ou bandelettes de la plante, mis en pratique par M. Schuzembach en Allemagne, introduit en France par MM. Serret, Duquesne, Hamoir, employé à la vaste usine de MM. Herbet et Cie à Bourdon (Puy-de-Dôme), ne s'est pas généralisé dans les sucreries ; il peut fournir en certaines circonstances la matière première des distilleries. M. Maumenée, professeur de chimie à Reims, a plus récemment proposé d'appliquer à la conservation du jus de betteraves la propriété (indiquée par M. Daniel, scientifiquement étudiée par M. Péligot, essayée en grand par M. Kuhlmannde Lille) qu'offre la chaux de former avec le sucre un composé (sucrate de chaux) peu altérable. Ce procédé est actuellement soumis à une étude approfondie.

24.   Du mot grec (?) (épaississement) et du mot latin fax (dépôts, lies). La fonction de cette chaudière consiste à provoquer la formation d'une écume épaisse et d'un dépôt qui entraînent la plus grande partie des substances étrangères au sucre, et que l'on élimine en soutirant le liquide clarifié. Quant au cylindre qui reçoit le liquide des presses et l'élève sous l'effort de la vapeur, on le désigne sous le nom de monte-jus ; c'est une sorte de pompe sans piston et sans soupape à l'abri de tout engorgement, et qui est spontanément nettoyée par chaque injection de vapeur.

25.   On obtient aisément le gaz acide carbonique en brûlant du charbon de bois dans un four clos ou de la houille sèche dans un four à chaux. L'air atmosphérique utile à la combustion est insufflé par une pompe à air ; le gaz produit est poussé dans un réfrigérant,

Notes

puis distribué à l'aide d'un robinet et par un tube percé de trous dans une des chaudières contenant le jus clarifié à la chaux.

26.   Dans les colonies, les circonstances sont bien moins favorables à l'application du système Rousseau pour l'extraction du sucre de canne. En effet, la proportion de sucre est deux fois plus grande dans le jus de la canne que dans le jus de la betterave, tandis que les substances étrangères y sont quatre fois moindres. Il y faudrait donc employer à peu près le double de chaux et d'acide carbonique.

27.   La production du sucre indigène depuis 1828 jusqu'à 1836 s'est graduellement élevée de 2,663,000 kilogrammes à 49 millions ; elle a oscillé entre 31 et 53 millions depuis 1837 jusqu'à 1847. La fabrication s'est ensuite maintenue, peu variable, entre 62 et 77 millions de kilogrammes jusqu'en 1854, sauf dans la campagne de 1848-49, où l'humidité excessive du sous-sol altéra les racines dans plusieurs cantons du nord de la France, au point de réduire de 450 millions de kilogrammes la récolte totale des betteraves et de plus de 25 millions la production du sucre. Durant la campagne de 1854 à 1855, une perturbation semblable, mais occasionnée par la transformation d'une partie des sucreries en distilleries, réduisit à 44,744,000 kilogrammes le produit de la fabrication du sucre indigène.

28.   Plusieurs botanistes célèbres ont attribué l'altération des champs de pommes de terre, dont les tiges du jour au lendemain étaient flétries et couchées sur le sol, aux attaques d'un champignon microscopique (botrytis infestans, Mont.). Retrouvant moi-même les caractères chimiques et la composition des substances fongueuses rapidement développées dans les substances étrangères qui avaient pénétré les tissus du solanum tuberosum, je les ai dès l'abord considérées comme les émanations d'une cryptogame parasite. Les faits nombreux recueillis, constatés et comparés par notre Société centrale d'agriculture, se sont tous accordés avec cette hypothèse, et ont chaque année repoussé les assertions gratuites qui attribuaient tout le mal à une dégénérescence de notre précieuse solanée. La récolte effectuée en 1857 prouve en effet que ces tubercules, en grand nombre épargnés, se montrent aussi féculents que jamais. Il est heureusement tout aussi certain que la vigne n'a subi aucune dégénérescence en France ni ailleurs,

Anselme Payen

malgré les nombreuses manifestations de l'opinion contraire, bien discréditée aujourd'hui. Les vendanges de 1857 donneront, au dire des viticulteurs les plus expérimentés, des produits comparables à ceux des meilleures années, si ce n'est pour l'abondance, du moins pour la qualité. L'événement justifie pleinement à cet égard les vues que nous émettions dans ce recueil il y a un an à peine (livraison du 1er septembre 1856).

29.   Le prix de revient de l'alcool à 90 ou 94 degrés pouvait être évalué à 100 ou 110 francs l'hectolitre, qui se vendait alors de 230 à 440 fr. Une des plus grandes distilleries de ce genre, fondée dans trois usines, a pu réaliser des bénéfices s'élevant à 10,000 francs par jour.

30.   Voici sur quelles bases on peut calculer le prix de revient de l'alcool dans la plupart des exploitations rurales, qu'une commission de la Société centrale d'agriculture a visitées en 1856, — exploitations installées suivant le système de M. Champonnois, et traitant chacune par jour de 4,000 à 20,000 kilogrammes de betteraves de plusieurs variétés :

1,000 Kilogrammes de racines	16 fr.	
Combustible (1/2 hectolitre de houille)	1 fr. 55	
Main-d'œuvre et divers frais	5 fr. 53	
Entretien et réparations des appareils	2 fr.	24 fr. 08
Dépense d'où l'on doit déduire la valeur de 750 kilogr. de pulpe		7 fr. 50
Montant net des frais.		16 fr. 58 c.

Le produit alcoolique moyen étant de 90 à 100 litres d'alcool à 50 degrés, représentant au moins 45 litres à 94 degrés, on voit que les 100 litres de cet alcool coûtent 36 fr. 84 c. En y ajoutant pour les dépenses relatives à la rectification 20 fr. 16, il en résulte que 100 litres rectifiés vendables coûtent 57 fr.

Notes

Au cours actuel de 105 francs, le bénéfice serait de 48 francs. En supposant que le cours commercial descendit à 60 francs, aussi bas que dans les années antérieures très abondantes en raisins, le bénéfice serait réduit à 3 francs. Dans tous les cas, le principal avantage pour notre agriculture résultera de la pulpe favorable à la nourriture du bétail.

31.   Les rations journalières de pulpe données aux animaux varient un peu dans les exploitations rurales. M. Bella, directeur de Grignon, donne aux animaux à l'engrais 10 pour 100 de leur poids, aux vaches laitières 5/100es, et aux bêtes à l'élevage 2 pour 100 ; il ajoute en tout cas aux pulpes de sa distillerie le complément ordinaire de la ration en menues pailles, fourrages hachés, grains et tourteaux. Dans les exploitations les plus avancées, où l'on entretient une tête de gros, bétail (bœuf de travail ou à l'engrais) par hectare de terre, on calcule en moyenne, pour la nourriture de l'animal, 30 kilos de pulpes mélangées avec 3 kilos de menue paille et fourrage hachés, plus 1 1/2 à 2 kilos de tourteau, ou l'équivalent en foins ou céréales. Sur une exploitation rurale de 265 hectares environ, où l'on établirait une distillerie employant par jour 10,000 kilos de betteraves, on obtiendrait 7,500 kilos de pulpes, servant, avec le complément de la ration, à nourrir 250 bœufs de travail ou l'équivalent en autres animaux. L'approvisionnement de la distillerie pourrait être fourni par la culture de 60 ou 65 hectares, qui reviendrait tous les quatre ans sur le même sol.

32.   Ces émanations fétides peuvent acquérir une grande intensité, lorsque les terrains qui forment le fond ou les parois des mares ou étangs contiennent, outre le carbonate calcaire, une quantité notable de sulfate de chaux (gypse, plâtre), car alors la fermentation, enlevant l'oxygène de ce sulfate, donne naissance à du sulfure de calcium ou sulfhydrate de chaux qui, décomposé à son tour par les acides que recèlent les eaux ultérieurement écoulées, laisse dégager en abondance du gaz acide suif hydrique ou hydrogène sulfuré à odeur forte et infecte.

33.   D'après les états de douane pour 1856, il faut compter 123,900,000 kilos de sucre mis en consommation, et 37,410,249 exportés.

Anselme Payen   ISBN : 978-1543217469

www.ingramcontent.com/pod-product-compliance
Lightning Source LLC
Chambersburg PA
CBHW051825170526
45167CB00005B/2156